AF602795

...TE ...ATURELLE,

...LAPALME.

2e VOLUME.

PLANTES.—MINÉRALOGIE.—GÉOLOGIE.

PARIS,
CHEZ PAUL DUPONT,
DIRECTEUR DE LA LIBRAIRIE NORMALE D'ÉDUCATION,
Rue de Grenelle-St-Honoré, n. 55;
Et chez L. HACHETTE, rue Pierre-Sarrazin, n. 12.

1834

LIVRES A 2 SOUS.

Manuel de Lecture.

1er Livre de Lecture.

2e Livre de Lecture (*authographié*).

3e Livre de lecture (*Télémaque*).

Livre de Prières.

Les Évangiles.

Histoire Sainte.

Petit Traité de Morale.

Choix de Fables.

Grammaire de Lhomond.

Géographie générale.

Géographie de la France.

Arithmétique.

Histoire de France, 2 vol.

Histoire naturelle, 2 vol.

Petite Physique.

Traité d'Arpentage.

Poids et Mesures.

Découvertes et Inventions.

BIBLIOTHÈQUE DE L'INSTITUTEUR PRIMAIRE,

par M. Delapalme,

25 vol. in-18, à 1 fr. le vol., 25 fr.

Lectures. Promenades (imp. en 3 sortes de caractères	1 v.
— Tableaux du monde, proverbes (lithographiés en plusieurs écritures)	1 »
— Morale de l'exemple	1 »
— Prières	1 »
— 52 dimanches	1 »
— Veillées du village	1 »
Grammaire française	1 »
Arithmétique	1 »
Géographie de la France	1 »
Géographie générale	1 »
Hist. sainte. Récits de la Bible	2 »
— Évangile	1 »
— Morale de la Bible et de l'Évangile	1 »
Histoire de France	4 »
Biographie des rois et des hommes illustres de France, depuis Clovis jusqu'à Louis XVIII	2 »
Hist. Natur. Plantes	1 »
— Mammifères	1 »
— Oiseaux, Reptiles, etc.	1 »
— Géologie, Minéralogie	1 »
— Météorologie	1 »
	25 v.

PETITE
HISTOIRE NATURELLE
A L'USAGE
DES ÉCOLES PRIMAIRES.
PAR M. DELAPALME.

Deuxième volume.

I.
PLANTES.

On distingue dans les plantes, la *racine*, la *tige* et les *rameaux*, les *feuilles*, les *fleurs* et les *fruits* ou *semences*.

Racines.—Destinées à puiser dans la terre la nourriture de la plante, les racines ont leurs extrémités armées d'un suçoir à l'aide duquel elles sucent et aspirent les substances nutritives. La nature leur enseigne à choisir celles qui sont propres à la plante; et, dans un même champ, la racine du blé ne se nourrit pas des mêmes sucs que la plante parasite ou l'arbuste dont elle est voisine. On appelle *pivotantes* les racines qui s'enfoncent perpendiculairement; *rampantes*, celles qui courent et se glissent entre deux terres; *fibreuses*, celles qui ont une multitude de longs jets filamenteux; *tubéreuses*, celles qui se composent de masses tuberculeuses et charnues comme la pomme de terre : et *bulbeuses*, celles qui sont surmontées d'une *bulbe* ou ognon.

Tige et rameaux. — La tige, sortie du collet de la racine, se divise en branches et rameaux. On appelle *herbacées* les tiges tendres et molles qui meurent tous les ans au commencement de l'hiver, et *ligneuses*, celles qui se convertissent en bois pour former les arbustes, les arbrisseaux et les arbres.

Dans la tige des arbres, on remarque trois parties principales : la *moelle*, renfermée au centre, dans une sorte d'étui composé de vaisseaux poreux ; le *corps ligneux*, formé de couches successives qui chaque année viennent envelopper les couches anciennes, et l'*écorce*..... Dans le corps ligneux, on appelle *aubier* les couches récentes et d'une consistance moins ferme. Dans l'écorce, on appelle *liber* les couches intérieures et contiguës au corps ligneux. Le liber est la partie essentiellement vivante et organique du végétal ; c'est par lui que s'opère la soudure des greffes et des cicatrices des plantes ; c'est lui qui produit les racines d'une bouture, les bourgeons, les feuilles, les fleurs et les fruits.

C'est par la tige, les branches et les rameaux que circulent les fluides qui donnent la vie à la plante : à cet effet, la nature y a disposé, comme on le remarque facilement dans la tige molle et poreuse du jonc, de petites cellules assez semblables aux alvéoles de l'abeille et qu'on appelle *le tissu cellulaire*, puis une multitude de petits vaisseaux alongés qui se pressent et se serrent, et auxquels on donne le nom de *tissu cellulaire alongé*, et enfin des tubes en nombre infini, appelés *tissu vasculaire*, et qui servent à distribuer de mille manières différentes dans le sein de la plante, depuis la racine jusqu'aux derniers rameaux, l'air et les fluides nécessaires à son entretien.

Trois fluides différens circulent par ces ouvertures, la *sève*, le *cambium* et les *sucs propres*.

La sève est un fluide aqueux, d'une couleur limpide, presque sans saveur et qui se forme des eaux et des sels que les racines puisent dans la terre. Elle monte dans la plante par les vaisseaux ligneux de l'étui qui enveloppe la moelle, et de là s'épanche latéralement; sa force d'ascension est rapide, la chaleur et la clarté du jour en accélèrent le mouvement, le froid et la nuit le ralentissent.

Le cambium est une sorte de sève épaisse qui transpire entre l'écorce et l'aubier, dont elle forme chaque année les couches successives.

Les sucs propres sont des fluides colorés, épaissis, dont la saveur varie suivant les espèces, et qui ne se trouvent le plus souvent que dans les feuilles et l'écorce. Ils sont âcres, brûlans et laiteux dans le *ricin*, le *manioc*, etc.; jaunes dans les *chélidoines*, résineux dans les *pins*, etc.

Feuilles.—Bien avant que les feuilles et les fleurs paraissent, on voit les boutons se former; ce sont de petits corps entourés d'écailles, protégeant la jeune pousse qu'ils renferment. Dans les arbres, ils se montrent en été, et on les désigne alors sous le nom d'*yeux*. Ils grossissent pendant l'automne, et au retour du printemps ils se dépouillent de leurs écailles, et toutes les jeunes feuilles se développent.

La plupart des feuilles sont soutenues par une queue mince et légère que l'on désigne sous le nom de *pétiole*. Du pétiole sortent des vaisseaux qui se distribuent et se répandent sur la surface de la feuille, et y forment par leurs nervures comme un réseau de mailles. Le tissu qui remplit les mailles de e réseau s'appelle *parenchyme.* Une pellicule très nince, appelée *épiderme,* couvre les deux faces de la euille.

Les feuilles remplissent d'importantes fonctions; lles puisent au sein de l'air une partie des alimens ont la plante se nourrit, et en même temps elles ervent à l'évaporation des fluides qui ont parcouru es rameaux et qui ne peuvent plus y être contenus. 'est par la surface supérieure de la feuille, lisse et olie, que se fait l'exhalation des fluides qui ont cirulé dans la plante; c'est au contraire par la surface aférieure que les vapeurs de la terre sont reçues et bsorbées. On a calculé que l'exhalation est à peu rès égale à l'absorption par les racines, et, en metınt dans l'eau les racines d'un poirier, on reconaît que dans le temps qu'il met à aspirer quinze lires de ce liquide, il en exhale quinze livres et demie. a transpiration d'une tige de soleil chargée de ses euilles et de ses fleurs peut produire vingt onces 'eau et plus en un jour.

Les feuilles ont en outre des exhalations *gazeuses.* endant la nuit elles exhalent du *gaze oxigène*, mais endant le jour elles dégagent du gaze *acide carbonique* ui se décompose par l'action de la chaleur, et réand dans l'air des principes vitaux et purifians qui étruisent l'influence des émanations putrides.

Aux feuilles se joignent souvent des organes acessoires, comme les *épines*, qui servent d'armes dénsives à la plante; les *poils* et les *glandes*, qui paaissent chargés de fonctions sécrétoires; les *vrilles* t les *crampons*, qui aident la plante à s'attacher et s'élever au dessus du sol; les *griffes*, espèces de acines courtes, par lesquelles certaines plantes grimantes, comme le lierre, s'accrochent aux autres égétaux; les *suçoirs*, qui remplissent les mêmes fonctions, mais servent en outre à la plante à puiser sa nourriture dans les corps auxquels elle s'attache.

Fleurs. La nature semble avoir épuisé toutes ses richesses et tout son éclat dans la création des fleurs; c'est aux fleurs en même temps qu'elle a confié la fécondation et la reproduction de la plante.

On distingue dans les fleurs le *réceptacle*, les parties servant d'enveloppe qui sont le *périanthe*, le *calice* et la *corolle*, et les parties constitutives qui sont les *étamines* et les *pistils*.

On appelle *récéptacle* ce renflement ou élargissement par lequel se termine le pied ou pédoncule des fleurs; il est le centre des sacs nourriciers qui se distribuent dans les fleurs.

Le périanthe est destiné à protéger la fleur, soit à sa naissance, lorsqu'elle est encore tendre et faible, soit dans toute la durée de son accroissement; il se constitue de parties foliacées qui, soit sous la forme d'une petite corbeille composée d'écailles vertes, soit sous celle d'une feuille membraneuse roulée en cornet, soit sous celle de deux écailles opposées, comme dans l'avoine et le blé, renferment, entourent et protégent la fleur.

Le calice, différent du périanthe mais remplissant le même but, est un épanouissement de l'écorce à l'extrémité du pédoncule, et qui, tantôt d'une seule pièce, tantôt composé de plusieurs folioles réunies, tantôt se prolongeant en tubes, tantôt se renflant en forme de poire, d'urne, de cloche, avec des bords arrondis ou sinueux, ou crénelés, ou dentés, protége aussi la fleur et la défend de l'abondance des pluies, du froid, de l'ardeur du soleil. Certaines fleurs ont à la fois un périanthe et un calice, d'autres n'ont que l'un ou l'autre.

La corolle est la partie brillante de l'enveloppe, et c'est pour elle que la nature a prodigué tout l'éclat de ses couleurs. Elle se compose d'une seule ou de plusieurs pièces dont chacune est appelée *pétale*. Composée d'une seule pièce, elle prend le nom de *monopétale;* avec plusieurs elle s'appelle *polypétale :* ainsi que le calice, la corolle n'est destinée qu'à protéger la fleur.

Etamines, au centre de la fleur s'élèvent comme de petites tiges alongées, formées d'un filament délicat qui soutient de petites capsules couvertes d'une sorte de poussière : c'est ce qu'on appelle les *étamines*.

On distingue dans les étamines le *filament*, l'*anthère,* le *connectif* et le *pollen*. Le *filament* est cette petite tige qui s'élève du sein de la fleur; l'*anthère* est la petite capsule partagée en deux parties qui repose sur cette tige; le *connectif* est une sorte de lieu charnu qui quelquefois unit ensemble les deux parties de l'anthère; le *pollen* est la poussière qui s'échappe de l'anthère à l'époque de la mautrité. Il est composé d'une immense quantité de petits grains presque toujours jaunes, dont chacun peut être considéré comme une petite vessie qui contient une liqueur fécondante.

Le pistil est l'organe destiné à recevoir la poussière que lancent les étamines; c'est dans le pistil que cette poussière se féconde comme une semence et se change en une graine qui reproduit la plante. Les pistils sont en nombre différent sur différentes espèces de fleurs : quelques fleurs n'en ont qu'un, d'autres en ont deux, trois ou une plus grande quantité. Ils se composent de trois parties : l'*ovaire,* le *style* et le *stigmate*. L'*ovaire* est la partie inférieure et la plus renflée du pistil. c'est là que le germe est reçu et se développe. Le *style* est un filet plus ou moins alongé, tantôt droit, tantôt plié, incliné ou roulé, qui naît ordinairement au sommet, quelquefois au côté ou à la base de l'ovaire et qui sert de canal pour conduire la semence au sein de l'ovaire. Le *stigmate* est un renflement plus ou moins sensible, situé à l'orifice du style, et qui reçoit la poussière fécondante. Ainsi le pollen, reçu dans le stigmate ouvert, pénètre par le style pour arriver à l'ovaire.

Le plus généralement la même fleur présente réunis dans le même calice les étamines et le pistil. Dans d'autres espèces on trouve ces organes sur une même plante, mais sur des fleurs différentes, comme dans le noisetier, l'aune, etc. Alors le pollen des fleurs qui contiennent des étamines est porté par le souffle de l'air aux fleurs qui contiennent les pistils. Dans d'autres espèces de plantes, il est des tiges qui ne portent que des fleurs à étamines, et d'autres qui ne produisent que des fleurs à pistil. Dans ce cas encore, c'est le souffle de l'air ou l'aile d'une abeille qui transporte de l'une à l'autre la poussière fécondante. Dans l'usage, on appelle fleurs ou plantes mâles celles qui ne portent que des étamines, et fleurs ou plantes femelles, celles qui ne portent que des pistils.

Fruits et graines. — Le mystère de la fécondation étant accompli, les étamines et le pistil se flétrissent, les enveloppes florales se dessèchent et tombent, et l'ovaire se dilate, s'élève, se grossit et se présente sous les formes variées qu'on désigne sous le nom de fruits ou de graines.

On distingue dans le fruit le *péricarpe* et la *graine*. Le péricarpe est l'enveloppe tantôt sèche ou membraneuse, comme dans l'amande, tantôt épaisse et harnue, comme dans la pêche, dans laquelle est enfermée la graine.

Le plus souvent la graine est attachée à la partie nterne du fruit par un petit filet très court, comme ans les haricots, les pois, et ce petit filet étant estiné à transmettre à la semence les sucs nourriiers, et ayant ainsi beaucoup d'analogie avec le *rdon ombilical* qui sert à la nutrition des petits nimaux dans le sein de leur mère, on lui a donné nom de cordon ombilical, et on appelle *ombilic* u *hile* la partie de la graine adhérente à ce cordon.

On distingue dans l'amande le *périsperme* et *embryon*. Le périsperme est un corps charnu remli d'une farine féculeuse, et qui le plus ordinaiment entoure l'embryon. L'embryon est le germe e la plante. Il se forme de quatre parties bien disnctes : la *radicule*, qui en se développant doit forer la racine ; la *plumule*, qui représente la tige ; le *ésofite*, qui réunit la radicule à la plumule, et les *co-lédons*, corps charnus très faciles à reconnaître dans haricot, et qui se placent sur le mésofite. La foncon des cotylédons est de fournir à la jeune plante s premiers sucs dont elle se nourrit. La substance ils renferment devient molle et laiteuse à sa naisnce, et ils sont en quelque sorte les mamelles du gétal. La jeune plante ne peut survivre à la perte ses cotylédons.

CLASSIFICATION DES VÉGÉTAUX.

Plusieurs systèmes ont été imaginés pour établir ne classification exacte dans, le nombre infini des antes. Celui qui paraît avoir réuni plus de convenans, a été introduit par le célèbre naturaliste Bernard Jussieu. Il offre l'avantage précieux de faire connaître les plantes dans un ordre relatif à leurs affinités entre elles, et à leurs diverses propriétés.

Suivant cette méthode, tous les végétaux se partagent d'abord en trois grandes tribus, déterminées par l'absence ou le nombre des cotylédons, ces corps charnus dont nous venons de parler, premiers alimens de la plante, et qui lui donnent le lait à sa naissance.

On appelle *acotylédones* celles qui n'ont pas de cotylédons; *monocotylédones*, celles qui n'en ont qu'un seul, et *dicotylédones*, celles qui en ont deux ou plusieurs. Les monocotylédones et les dicotylédones se subdivisent elles-mêmes en classes ou familles comme nous l'indiquerons.

Ire TRIBU. ACOTYLÉDONES.

Les *algues*, plantes aquatiques, au nombre desquelles sont le *varech*, le *fucus*, la *mousse* de Corse.

Les *champignons*, dont un grand nombre sont vénéneux, mais d'autres offrent des mets délicats, comme la *truffe*, la *morille*, l'*oronge*, etc.

Les *lichenées* ou *lichens*, productions verdoyantes qui s'attachent à la surface dépouillée des roches ou au tronc des arbres.

Les *hépathiques*, expansions vertes, membraneuses et folliacées, formant des plaques dans les lieux humides et ombragés.

Les *mousses*, véritables petits arbres en miniature.

Les *fougères*, dont les cendres produisent la potasse.

Les *cycadées* qui habitent les climats chauds, et dont une espèce donne le sagou, pâte farineuse que l'on retire de son tronc.

Les *rhizospermes*, plantes aquatiques à tiges rampantes, comme la *pillulaire*.

IIe TRIBU. MONOCOTYLÉDONES.

Les *monocotylédones* se divisent en trois classes, suivant la position de la corolle à l'égard de l'ovaire. On appelle *hypogynes* celles dans lesquelles la corolle est au dessous de l'ovaire ; *périgynes*, celles où la corolle se trouve autour de l'ovaire ou sur la paroi interne du calice ; et *épigynes*, celles où la corolle se place au sommet de l'ovaire.

MONOCOTYLÉDONES MONOHYPOGYNES.

Les *naïadées*, qui font leur séjour dans les eaux, comme la lentille d'eau.

Les *aroïdes* ou *arum*, plantes qui offrent ce phénomène remarquable qu'au moment de la fécondation, la tige, en forme de colonne qui porte la fleur, s'échauffe et devient brûlante au toucher.

Les *typhacées* ou *thyphas*.

MONOCOTYLÉDONES PÉRIGYNES.

Les *cypéracées*, habitantes des lieux humides marécageux.

Les *graminées*, famille la plus importante du règne végétal, puisqu'elle fournit les gazons, le blé, le seigle, l'orge, le riz, le maïs, le millet et la canne à sucre.

Les *palmiers*, grands arbres dont la tige, égale dans toute sa hauteur et sans rameaux, se couronne de feuilles en éventail, et de fleurs qui se changent en grappes de fruits appelées *régimes*. La moelle du palmier donne une substance farineuse nourrissante, ses feuilles encore tendres, un aliment appelé chou palmiste ; sa sève, le vin de palmier.

Les *asparaginées* (asperges).

Les *joncées* ou *joncs*.

Les *commelinées*.

Les *alismacées*.

Trois familles habitantes des eaux et ayant beaucoup de rapports entre elles.

Les *colchicacées*, famille des *colchiques*.

Les *liliacées*, famille des lis aux brillantes couleurs et aux suaves odeurs.

Les *bromeliées* (ananas.)

Les *narcissées* (narcisses), parmi lesquelles se placent la *jonquille*, la *perceneige*, etc.

MONOCOTYLÉDONES MONOÉPIGYNES.

Les *iridées* (iris).

Les *musacées*, famille peu nombreuse dans laquelle on compte le *bananier*, plante herbacée dont cependant la tige s'élève jusqu'à quinze pieds de hauteur, et acquiert jusqu'à trois pieds de circonférence. Cette tige, couronnée d'un faisceau de larges feuilles, se charge de fruits savoureux, de la couleur et de la forme des concombres, et dont la substance, semblable à celle du beurre frais, a le goût d'un mélange de pommes cuites, de beurre et de sucre. La pulpe du fruit convertie en pâte donne du pain; les fruits bouillis, une liqueur vineuse; les enveloppes de ces fruits, des vases employés à divers usages; les feuilles desséchées, des toits pour la cabane de l'Indien; la tige, du fil et des cordages.

Les *amomées* (balisiers). Le *gingembre*, le *safran* des Indes, ou *curcuma*, le *maranta*, dont la racine donne la farine appelée arrow-root, sont au nombre des amomées.

Les *orchidées* ou orchis, fleurs variées de formes, dont la plupart ont des racines charnues que l'on dessèche et dont on fait le *salep*; c'est une *orchidée* grimpante qui donne la *vanille*.

Les *hypocharidées*, habitantes des eaux, parmi lesquelles on remarque la *valisnière spirale* assez commune dans le Rhône. Cette plante porte ses fleurs femelles sur une longue tige roulée en spirale, qui reste constamment sous les eaux ; mais au moment de la fécondation, la spirale se déroule, la fleur s'élève à la surface des eaux, et les fleurs mâles se détachant alors de la tige, arrivent elles-mêmes sur les eaux, et se portent à la rencontre de la fleur femelle qui, après avoir reçu la poussière de leurs étamines, se ferme et rentre au sein de l'eau pour y mûrir sa semence.

IIIe TRIBU. DICOTYLÉDONES.

Cette tribu se divise en trois classes principales déterminées, soit par l'absence soit par la présence de la corolle, soit par le nombre de ses pièces. On appelle *apétales* celles qui n'ont pas de corolle ; *monopétales*, celles dont la corolle se forme d'un seul pétale, et *polypétales*, celles dont la corolle en offre plusieurs.

DICOTYLÉDONES APÉTALES.

Dans les dicotylédones sans corolle, on distingue trois classes : 1° les *dicotylédones épistamines*, c'est-à-dire ayant les étamines sur les ovaires ;

2° Les *dicotylédones péristamines*, c'est-à-dire ayant les étamines autour des ovaires ;

3° Les *dicotylédones hypostamines*, c'est-à-dire ayant les étamines au dessous des ovaires.

DICOTYLÉDONES SANS COROLLE ÉPISTAMINES.

Les *aristolochides*, famille des aristoloches et des clématites.

DICOTYLÉDONES SANS COROLLE PÉRISTAMINES.

Les *éléagnées*, dans lesquelles on distingue l'*argousier*, le *badamier catappa*.

Les *daphnoïdes*, famille des daphnés et thymelés.

Les *protéacées*, beaux arbres d'Afrique.

Les *lauroïdes* ou lauriers, c'est une plante de cette famille qui donne la *cannelle*. Une autre produit le *camphre* par l'évaporation de ses branches et de ses racines.

Les *polygonées*, comme la *persicaire*, le *sarrasin*, l'*oseille*. la *patience*.

Les *atriplicées*, comme la *bette*, la *betterave*, la *soude*.

DICOTYLÉDONES SANS COROLLE HYPOSTAMINES.

Les *amaranthées* ou amaranthes.

Les *plantaginées*, famille des plantains.

Les *nyctaginées*, ou fleurs de nuit, dont la plupart ne s'épanouissent que quand le jour est fini.

Les *plombaginées*, comme les dentelaires, les staticées, etc.

DICOTYLÉDONES MONOPÉTALES.

Dans les *dicotylédones monopétales*, on distingue quatre classes : les *monopétales hypocorolles*, c'est-à-dire, ayant la corolle au dessous de l'ovaire ;

Les *monopétales péricorolles*, ayant la corolle autour de l'ovaire ;

Les *monopétales péricorolles synanthères*, c'est-à-dire, qui ont la corolle autour de l'ovaire, et les anthères conjointes ;

Et les *monopétales épicorolles corisanthères*, c'est-à-dire, qui ont la corolle autour de l'ovaire, et les anthères disjointes.

DICOTYLÉDONES MONOPÉTALES HYPERCOROLLES.

Les *primulacées*, famille des primevères.

Les *acanthées* (acanthes).

Les *jasminées* (jasmins), dans lesquelles on place l'*olivier*, dont le fruit donne la meilleure de toutes les huiles.

Les *verbenacées* ou *verveines*.

Les *labiées*, remarquables par leur corolle assez semblable à deux lèvres rapprochées, comme le *thym*, la *sarriette*, la *sauge*, la *lavande*, la *menthe*, etc.

Les *personnées*, dont la configuration représente assez le masque de la figure humaine : comme la *digitale*, la *véronique*.

Les *solanées*, plantes à odeur fétide, la plupart narcotiques, comme la *belladonne* et la *jusquiame*, et dont plusieurs cependant fournissent d'excellens alimens, comme la *pomme de terre*, les *tomates*, l'*aubergine* : le *tabac* est encore une solanée.

Les *boraginées* ou bourraches.

Les *convolvulacées*, parmi lesquelles on compte les lizerons, la patate.

Les *polémoniacées* ou polémoines, au nombre desquelles est le *cobæa*.

Les *bignoniers*, plantes asiatiques dont la plus connue est le *catalpa*.

Les *gentianées* ou gentianes, comme la petite *centaurée*, le trèfle d'eau.

Les *apocynées* ou apocins. Dans cette famille on compte les lauriers roses, les pervenches, le strycnos noix vomique, et l'*urceola elastica* qui donne la gomme élastique.

Les *sapotées* ou sapotilliées, exotiques et à graines oléagineuses.

DICOTYLÉDONES MONOPÉTALES PÉRICOROLLES.

Les *dyospyrées* ou ébénacées qui fournissent l'*ébénier*, l'*alibousier*, dont on tire le *storax*, en larmes et en pain, et le *benjoin*.

Les *rhodoracées*, famille du *rhododendrum*.

Les *Ericoïdes*, dans lesquelles on comprend les *bruyères*, l'*arbousier*, le *fraisier arbre*, etc.

Les *campanulées* à corolle élégante en forme de clochettes.

DICOTYLÉDONES MONOPÉTALES ÉPICOROLLES SYNANTHÈRES.

Les *chicoracées* qui comprennent les laitues, la scorsonère, le salsifis.

Les *cynarocéphales*, familles des chardons, à laquelle appartient l'artichaut.

Les *corymbifères*, parmi lesquelles on distingue les *asters*, les *reines-marguerites*, les *chrysanthèmes*, les *immortelles*, l'*armoise*, l'*absynthe*.

DICOTYLÉDONES MONOPÉTALES ÉPICOROLLES CORISANTHÈRES.

Les *dipsacées* ou dipsaques, comme la *valériane*.

Les *rubiacées*, famille utile dans laquelle on compte le *bois de fer*, les *arbres à teinture*, la *garance*, le *quinquina*, le *café*, originaire de l'Arabie.

Les *caprifoliées* (chevre-feuilles).

DICOTYLÉDONES POLYPÉTALES.

Dans les végétaux dicotylédones polypétales, on distingue quatre classes.

Les dicotylédones polypétales épipétales qui ont les pétales sur les ovaires;

Les dicotylédones polypétales hypopétales qui ont les pétales au-dessous des ovaires;

Les dicotylédones polypétales périgynes, qui ont les pétales autour de l'ovaire;

Et les dicotylédones polypétales diclines qui sont unisexes, c'est-à-dire, dans lesquelles les fleurs à étamines naissent sur des sujets différens de ceux qui portent des fleurs à pistils.

DICOTYLÉDONES POLYPÉTALES ÉPIPÉTALES.

Les *araliées*, plantes de peu d'importance.

Les *ombellifères*, dont la fleur se compose de plusieurs fleurs rassemblées en parasol, comme la *carotte*, le *panais*, le *céleri*, etc.

DICOTYLÉDONES POLYPÉTALES HYPOPÉTALES.

Les *renonculacées* ou famille des renoncules.

Les *papavéracées*, famille des pavots. On tire l'opium du pavot d'Orient.

Les *crucifères*, dont les fleurs offrent quatre pétales en croix, comme les *giroflées*, les *juliennes*, les *raves*, le *navet*.

Les *capparidées*, famille des câpriers, à laquelle appartiennent le *réséda* et la *grenade*.

Les *sapindées* ou savonniers.

Les *acéridées* ou *érables*, auxquelles appartiennent le sycomore, le marronnier, le frêne à fleurs, qui donne la *manne en larmes* et en *sorte*.

Les *malpighiacées*, très semblables aux acéridées.

Les *hypéricées* ou mille pertuis.

Les *guttifères* ou *guttiers*, végétaux résineux d'un desquels on tire la *gomme gutte.*

Les *hespéridées*, famille des *citronniers* et des *orangers*, dans laquelle on range aussi le *thé*, originaire de la Chine, et le *camélia.*

Les *méliacées*, arbres à bois précieux, auxquels appartient l'acajou.

Les *sarmentacées*, arbrisseaux grimpans, comme la vigne.

Les *géraniées* ou *géranium*, auxquels appartiennent la violette, la capucine, et la balsamine.

Les *malvacées* ou mauves. On comprend dans cette famille depuis la mauve jusqu'au *boabab*, colosse du règne végétal qui surpasse nos chênes en grandeur. On y comprend aussi le *cacaoyer* qui donne le *cacao*, dont on fabrique le chocolat.

Les *magnoliers* (magnolias).

Les *anonées*, plantes de l'Amérique septentrionale.

Les *ménispermées*, végétaux des Indes, dont on fournit les *coques du Levant.*

Les *berbéridees*, parmi lesquels on met l'épine-vinette.

Les *hermanniées*, plantes exotiques.

Les *tiliacées*, famille des tilleuls.

Les *cistées* ou cistes.

Les *caryophyllées* ou œillets, parmi lesquels se place le *lin.*

DICOTYLÉDONES POLYPÉTALES PÉRIGINES.

Les *portulacées*, famille des pourpiers, employées en médecine et en teinture.

Les *saxifragées*, ornement des jardins.

Les *crassulées* ou plantes grasses.

Les *cactoïdes* ou cactiers, plantes grasses, remar

quables par la bizarrerie de leurs formes et l'éclat de leurs fleurs. L'insecte appelé cochenille, qui fournit une teinture précieuse, vit sur une espèce de ce genre appelée *nopul.*

Les *onagrées,* onagres, plantes cultivées dans les jardins.

Les *myrtées*, famille des myrtes, dans laquelle se place le grenadier, le syringa, les *métrosidères*, le *giroflier.*

Les *mélastomées*, plantes astringentes.

Les *lythrées*, autrement *salicaires.*

Les *rosacées*, la plus brillante et la plus riche famille de fleurs. On y distingue quatre classes différentes : 1° les rosacées vraies dans lesquelles on compte avec les *roses,* le *fraisier*, le *framboisier*, etc. ; 2° les *amygdalées*, plantes à noyau, comme les *cerisiers,* les *pêchers*, les *pruniers*, les *abricotiers*, les *amandiers;* 3° les *pomacées*, dans lesquelles on comprend les *pommiers*, les *poiriers*, les *alisiers*, les *néfliers;* 4° les *sanguisorbées*, auxquelles appartient la *pimprenelle.*

Les *légumineuses*, famille non moins utile que la dernière est brillante, puisqu'elle offre les *haricots*, les *fèves*, les *pois*, les *lentilles*, le *trèfle*, le *sainfoin*, la *vesce*, la *luzerne*, l'*indigotier*, le bois de *Campêche*, employé dans la teinture, l'*acacia du Nil*, d'où découle la gomme arabique.

Les *térébinthacées*, qui fournissent des résines estimées, comme le *vernis du Japon*, les *balsamiers*, etc.

Les *rhamnides*, qui offrent le *jujubier*, le *houx commun*, le *fusain*, dont le bois, réduit en poudre, sert à faire des crayons.

PLANTES DICLINES.

Les *euphorbiées*, contenant pour la plupart un suc

laiteux, âcre et caustique qui, pris à l'intérieur, peut donner la mort, comme le *manioc*. Ce principe vénéneux se volatilise par la chaleur, et les racines du manioc, lavées et soumises à l'action du feu, donnent le pain de cassave qu'on mange dans toute l'Amérique, et la poudre blanche appelée *tapioka*. Dans cette famille on compte l'arbre à suif, qui fournit aux Chinois une matière grasse dont ils font des chandelles; le *ricin*, l'*hevea* de la Guyane, qui fournit la gomme élastique, et le *mancenillier*, dont les fruits sont vénéneux.

Les *cucurbitacées*, famille des *concombres*, *melons*, *citrouilles*, etc.

Les *urticées* (orties), prodigues envers l'homme de trésors précieux, puisqu'elles fournissent *l'arbre à pain*, dont les fruits aussi gros que le melon offrent une nourriture abondante aux habitans des îles de la mer du Sud; le *poivrier*, le *figuier*, le *mûrier*, le *chanvre*, le *houblon*.

Les *amentacées*, arbres les plus utiles de nos forêts, comme le *châtaignier*, le *noyer*, le *noisetier*, le *hêtre*, le *chêne*, le *chêne liége*, dont l'écorce spongieuse et légère est d'un usage commun, l'*orme*, le *charme*, le *platane*, le *bouleau*, le *cirier* de la Louisiane, dont les baies contiennent un principe huileux employé à fabriquer des bougies.

Les *conifères*, arbres toujours verts, comme le *pin* de Corse, le *cèdre* du Liban, le *sapin*, etc. La plupart donnent par incision une substance résineuse dont on fait la poix, le goudron, la colophane, la térébenthine.

II.

MINÉRALOGIE.

On appelle minéraux les corps bruts et inorganisés, privés de vie et par conséquent de sensibilité, composés d'un grand nombre de molécules unies entre elles par simple cohésion ou par affinité physique, et qui font partie de l'enveloppe extérieure du globe terrestre. Telles sont les substances désignées dans le langage ordinaire sous le nom de *pierres*, de *métaux*, de *sels*, de *bitume*, dont l'ensemble compose le règne minéral.

On distingue dans les minéraux : 1° les minéraux en grandes masses et faisant partie essentielle de la structure du globe ; 2° les minéraux métalliques ; 3° les minéraux combustibles.

MINÉRAUX EN GRANDES MASSES.

Ces minéraux se présentent sous la forme de montagnes, de couches, d'amas, de filons ou de veines, d'une étendue plus ou moins considérable. Tels sont :

Le QUARTZ, substance pierreuse la plus abondante dans le règne minéral, qui, toujours la même sous des formes différentes, constitue ce qu'on appelle dans le langage ordinaire le *sable*, le *grès*, la *pierre meulière*, le *caillou* ou *silex*, le *jaspe*, l'*agathe*, etc. Sa dureté est supérieure à celle du fer ou de l'acier ; il donne des étincelles par le choc du briquet, et la chaleur la plus ardente ne saurait le dissoudre, si on ne l'attaquait préalablement par un alcali.

Le FELDSPATH, autre substance presque aussi abondante, composée d'un tissu siliceux formé de lames rapprochées, dont la dureté est presque comparable à celle du quartz, et qui, comme lui, étincelle par le choc du briquet. Il se trouve dans la nature sous la forme de roches qu'on désigne sous le nom de *granit*, *gneiss*, *siénite*, *porphyre*, etc.

La CHAUX, qui se trouve rarement pure. Unie avec la silice ou d'autres substances terreuses, elle forme la *pierre calcaire* (carbonate de chaux), le *gypse* ou *platre* (sulfate de chaux). D'immenses chaînes de montagnes en sont entièrement composées. Le *marbre*, l'*albâtre*, la *craie* ne sont que des variétés du calcaire.

Les TERRES. On appelle ainsi un grand nombre de substances minérales très variées dans leur nature et leur caractère, et qui toutes ont un aspect terne et terreux; telle est la terre végétale, qui forme la surface extérieure de la plus grande partie du globe.

L'ARGILE, mélange de diverses terres dans des proportions variées. L'*argile à foulon* est employée dans les manufactures pour dégraisser les draps. On fabrique des couleurs avec l'*argile ocreuse*, *jaune* et *rouge*, et la faïence avec l'*argile*, *terre de pipe*.

Le SCHISTE, SCHISTE ARDOISE, roche argileuse, dont les teintes varient entre le gris bleuâtre, le verdâtre et le rougeâtre, remarquable par sa structure feuilletée, qui permet de le détacher par lames minces et légères.

Les MARNES, mélange naturel de parties calcaires, argileuses et sablonneuses.

Le MICA, substance abondante, se présentant presque toujours en lames ou feuillets minces, dont quelques uns ont la transparence du verre, et qu'on désigne vulgairement sous le nom de *pierre à Jésus*. En Sibérie on substitue le mica au verre pour en garnir les fenêtres.

Le PYROXÈNE, minéral à structure cristalline.

Le DIALLAGE, sorte de silice réuni à la magnésie et s'offrant sous la forme de petites masses lamellaires d'un vert plus ou moins foncé.

L'AMPHIBOLE, substance terreuse, susceptible de cristallisation.

Le GRENAT, d'un aspect vitreux, s'offrant en masses considérables.

MINÉRAUX MÉTALLIQUES.

On appelle minéraux métalliques ou métaux des corps simples, opaques lorsqu'ils sont en masse, ayant un certain brillant qu'on désigne sous le nom d'éclat métallique, et pouvant prendre un beau poli, comme le fer, l'argent, l'or, le cuivre. Ils sont *malléables*, c'est-à-dire susceptibles d'être aplatis et étendus sous le marteau, *ductiles*, c'est-à-dire se laissant alonger en fil dans le trou d'une filière. Rarement ces métaux se trouvent purs dans la nature : le plus souvent ils sont à l'état de *minerai*, c'est-à-dire combinés avec les principes minéralisans, comme l'oxigène, le soufre, le cobalt, ou unis ensemble à l'état d'*alliage*. Pour les découvrir, les hommes pénètrent au sein de la terre ; ils y creusent ce qu'on appelle des mines, et s'enrichissent ainsi de trésors que la nature leur avait cachés.

On compte vingt-sept métaux, dont quinze seulement sont remarquables par leur usage.

Le FER, prodigué par la nature avec une abondance proportionnée à son utilité. Parmi ses différentes espèces, on distingue le *fer oxydé magnétique*, dont les variétés donnent l'aimant naturel. On sait que l'aimant a la propriété d'attirer le fer et lui communique cette faculté, et qu'en outre, lorsqu'un barreau aimanté est suspendu sur un pivot de manière à pouvoir tourner librement, il dirige constamment l'une de ses pointes vers le nord.

Le PLOMB.

L'ÉTAIN.

Le ZINC.

Le MERCURE, métal blanc, liquide à la température ordinaire, et qui ne peut se congeler qu'à la température de quarante degrés centigrades, au dessous de zéro. Il est précieux par la facilité avec laquelle il peut s'unir avec d'autres métaux pour faire des amalgames.

L'ARGENT.

L'OR, surpassant tous les métaux par sa tenacité, plus pesant que tous, à l'exception du platine, plus dur que l'étain et le plomb, mais moins que le fer, le cuivre, l'argent et le platine. L'or ne forme jamais à lui seul des filons ou des roches; on le trouve disséminé tantôt dans des bancs de roches quartzeuses, tantôt dans des filons pierreux ou métallifères, tantôt dans des dépôts de sable provenant des grands mouvemens qui attestent les révolutions du globe.

Le PLATINE, inaltérable à l'air, l'emportant en pesanteur sur tous les métaux connus.

L'ANTIMOINE, métal très fragile, couleur blanc d'étain, s'évaporant en fumée par l'action d'une vive chaleur.

Le BISMUTH, d'un blanc jaunâtre, fragile et fusible à la simple flamme d'une bougie.

Le COBALT, cassant, facile à pulvériser. En le fondant avec le silice et la potasse, on obtient un verre bleu appelé *smalt*, dont on fabrique le bleu d'azur

L'ARSENIC, un des poisons les plus violens, se trouve sous la forme de lames ou de tubercules, ou engagé dans la pierre calcaire, ou adhérent au cuivre gris, à l'argent rouge et à quelques autres métaux.

Le CHROME, doué de propriétés colorantes et dont on tire le vert-émeraude et une belle couleur rouge. Il se trouve dans le plomb et le fer.

Le MANGANÈSE, substance cassante, d'un blanc tirant sur le gris, se rencontrant sous diverses formes, et surtout en grandes masses. Il est employé à colorer en vert le verre de borax, et sert en chimie à la préparation de l'oxigène et du chlore.

Le SODIUM, métal mou, ductile comme la cire, et d'un blanc d'argent. Il produit la *soude* en se combinant avec l'oxigène; le *borax*, en se combinant avec l'acide borique; le *natron* qui entre dans la composition du verre en se combinant avec l'oxygène et l'acide carbonique; le *sel gemme, sel commun, sel marin*, en se combinant avec la substance appelée chlore. Le sel gemme se présente en masses cristallines, soit dans le sein de la terre, où il forme des bancs ou amas plus ou moins considérables, soit en fusion dans certaines eaux comme dans celles de la mer, qui le déposent sur le rivage en s'évaporant.

Le POTASSIUM, métal d'un blanc d'argent ductile et plus mou que la cire. On l'extrait de la potasse, substance alcaline qui se trouve à l'état de sel ou combinée avec des cendres. Le *nitre* ou *salpêtre* n'est autre chose que de la potasse mêlée à une double quantité d'acide nitrique.

MINÉRAUX COMBUSTIBLES.

On appelle combustibles les substances minérales susceptibles de combustion, c'est-à-dire qui ont la propriété de dégager du feu, de la lumière ou de la chaleur.

Tels sont :

Le SOUFRE, substance simple, d'un jaune citron, très fragile, brûlant sans laisser de résidu, abondamment répandu dans la nature. On le trouve soit à l'état natif en masses cristallines ou en masses compactes à textures vitreuses, soit combiné avec différens métaux, ou associé au gypse et au sel gemme.

Le CARBONE, principe du charbon, résultat de la combustion des matières végétales ou animales dans des vaisseaux fermés, ou sans communication avec l'air extérieur. Dans son état de pureté naturelle, le carbone constitue le diamant; uni à l'oxigène, il forme presque à lui seul les dépôts souterrains de *houille* ou charbon de terre, les mines de *bitume*, etc.

Le DIAMANT, le plus dur, le plus brillant et l'un des plus limpides des minéraux. Il est identiquement de même nature que le carbone, et exposé à un feu d'une extrême activité, il brûle comme le charbon sans laisser de résidu. Les diamans se trouvent dans les attérissemens du fond des vallons ou dans le lit des rivières.

La HOUILLE, *charbon de terre* ou *charbon minéral*, substance d'un noir brillant à reflets d'iris, dont les principes essentiels sont le carbone et le bitume. On le trouve au sein de la terre, disposé en lits ou bancs continus, ayant d'épaisseur depuis cinq à six centimètres jusqu'à douze mètres et plus.

Le LIGNITE, qui se distingue de la houille en ce que le bois et les plantes carbonisées dont il se compose ont conservé leur forme originelle, ou au moins l'organisation ligneuse. On y reconnaît facilement de nombreux végétaux dicotylédones, dont quelques-uns au milieu de la masse charbonneuse ont été changés en silex.

La TOURBE, matière noirâtre et spongieuse, formée de l'accumulation de certaines plantes qui croissent en abondance dans les marais. On la trouve en amas considérables dans des terrains marécageux, qui autrefois ont été le fonds d'étangs ou de lacs.

Le BITUME, dont le caractère principal est de brûler avec une odeur qui lui est propre. On distingue le *bitume liquide*, appelé aussi *naphte* ou *pétrole*, qu'on trouve par sources abondantes coulant du sein de la terre ou s'étendant à sa surface, le *bitume glutineux*, le *bitume solide* ou *asphalte*, et le *bitume élastique* ou *caoutchou minéral*.

III.

GÉOLOGIE.

Lorsqu'on pénètre, autant qu'il est permis à l'homme de le faire, dans l'intérieur de la terre, on reconnaît que son enveloppe extérieure se compose d'un assemblage de couches de différente nature. Les unes paraissent avoir été formées par voie de cristallisation, les autres par l'action de feux volcaniques ; le plus grand nombre présente tous les caractères d'un dépôt lentement opéré dans le sein des eaux.

Tout annonce que le globe terrestre a éprouvé de vastes révolutions dont ces dépôts ont laissé la trace. La mer a passé sur des terrains maintenant découverts, elle a englouti autrefois le sommet des montagnes, et les mêmes lieux ont été tour à tour baignés dans les eaux de la mer, inondés par celles des fleuves ou des lacs, puis laissés à nu aux rayons du soleil, ou soulevés par les feux intérieurs du globe.

On distingue les causes différentes qui ont ainsi contribué à la formation de l'écorce du globe en *effets neptuniens* et *effets vulcaniens.*

EFFETS NEPTUNIENS.

On appelle *effets neptuniens* ceux qui sont produits par les eaux. Partout on trouve des preuves nombreuses du séjour et du déplacement des eaux marines et des eaux douces. La terre, en quelque endroit qu'on la creuse, est composée de couches placées l'une sur l'autre, comme autant de sédimens déposés successivement au fond de l'eau. Dans ces différentes couches, on rencontre des coquilles de mer, des dents ou des os de poissons. Il s'en trouve non seulement dans les couches molles, comme dans l'argile, la craie, la marne, mais encore dans les couches les plus solides et les plus dures, comme dans la pierre et le marbre.

Il est des carrières dont les bancs sont du haut en bas remplis de coquilles; des collines entières sont composées de coquillages amoncelés, et le nombre de ces dépouilles d'animaux marins est si prodigieux qu'il est impossible de n'être pas convaincu que notre terre a été pendant un très long temps un fond de mer peuplé d'autant de coquillages que l'est maintenant l'Océan. Il ne faut pas croire qu'on ne trouve ces coquilles que par hasard ou dispersées çà et là : c'est par montagnes qu'on les rencontre, c'est par bancs de cent ou deux cents lieues de longueur, par collines ou par provinces, et souvent d'une épaisseur de cinquante ou soixante pieds.

On trouve une prodigieuse quantité de coquilles bien conservées dans les marbres, dans les pierres à chaux, les craies, les marnes ; on en trouve dans les terrains les plus bas, au fond des mines; on en trouve en même temps à la base et au sommet de quelques hautes montagnes : les couches de coquillages trouvées à leurs pieds nous apprennent ainsi qu'il fut un temps où elles n'existaient pas ; tandis que celles trouvées sur leur cime nous apprennent qu'un autre temps advint où après s'être formées elles furent ensevelies sous les flots.

EFFETS VULCANIENS.

On appelle *effets vulcaniens* ceux qui peuvent être attribués à l'action d'une cause inconnue, qui paraît être le feu ou la chaleur intérieure du globe.

Des observations récemment faites prouvent évidemment dans le globe terrestre l'existence d'une chaleur intérieure, qui ne résulte pas de l'action des rayons du soleil et qui s'accroît à mesure qu'on descend plus profondément dans le sein de la terre. Ainsi, à Paris, la température souterraine s'élève d'un degré par cinquante et un pieds de profondeur ; et, en admettant que l'augmentation eût lieu progressivement et toujours dans la même proportion, on trouverait la température de l'eau bouillante à huit mille deux cents pieds ou environ une demi-lieue sous terre. Celle qu'on ressentirait à une profondeur d'un peu moins de vingt lieues serait suffisante pour mettre les rochers en fusion.

On peut penser que c'est cette chaleur intérieure qui, faisant bouillonner intérieurement les matières en fusion, produit les volcans et leurs éruptions ; et que c'est elle aussi qui, décomposant les matières renfermées dans le sein de la terre, les vaporisant et les convertissant en gaz, produit tous les phénomènes des *tremblemens de terre.*

On appelle *volcans* des montagnes ardentes qui

renferment dans leur sein le soufre, le bitume et des matières qui servent d'aliment à un feu souterrain dont l'effet est plus violent que celui de la poudre et du tonnerre. Les volcans vomissent par leur large ouverture des torrens de fumée et de flammes, des fleuves de bitume, de soufre et de métal fondu, des nuées de cendres et de poussière qui peuvent engloutir les villes et les campagnes. L'action de ces feux est si grande qu'ils ébranlent la terre, agitent les flots de la mer, renversent les montagnes et détruisent les villes. On appelle *laves* les matières liquéfiées que vomit la montagne. Elles s'épanchent rapidement sur sa pente, mais elles se solidifient en se refroidissant, et forment d'immenses amas d'une dureté égale à celle de la pierre.

Dans un grand nombre de pays on retrouve la trace de volcans éteints et des ravages qu'ils ont causés; on est porté à penser qu'une partie des montagnes du globe ne sont que l'effet de feux souterrains qui les ont soulevées. A des époques récentes encore, on a vu de pareils exhaussemens s'opérer au sein même de la mer; et des îles nouvelles sont tout à coup sorties du sein des eaux au milieu de terribles explosions qui lançaient des rochers et des pierres à plusieurs lieues de distance.

Les soulèvemens opérés par l'action des feux paraissent avoir été beaucoup plus considérables avant le refroidissement que semble avoir éprouvé la masse du globe, et on peut les regarder comme la cause principale de ces grandes révolutions qui, à diverses reprises, ont déplacé et brisé les couches de sédimens divers, élevé les faîtes des grandes montagnes, et lancé des roches vitreuses et cristallines au milieu des roches formées dans le sein des dépôts de la mer.

Les tremblemens de terre consistent dans des secousses subites et violentes, des mouvemens d'oscillation plus ou moins rapides que des agens intérieurs impriment à l'écorce fragile du globe ; tantôt ils se font ressentir dans un espace limité aux environs de la bouche des volcans, tantôt avec une incroyable rapidité ils se propagent à d'immenses distances. Ils s'annoncent par des bruits souterrains, et leurs secousses se succèdent avec plus ou moins de force et de promptitude. Il en est qui ne durent que quelques secondes ; d'autres se prolongent pendant quelques minutes. Lorsqu'elles sont violentes leurs ravages sont immenses ; elles entr'ouvrent le sol ébranlé, y laissent de profondes crevasses et y forment des gouffres. On a vu des montagnes s'affaisser par l'effet des tremblemens de terre, et un lac profond prendre leur place ; des îles et des bancs de sable connus se sont anéantis, et il s'en est élevé où il n'y en avait pas.

FOSSILES.

On appelle *fossiles* tous les corps autrefois organisés que l'on trouve enfouis dans les couches terrestres. Au sein de ces dépôts différens que les révolutions du globe ont laissés sur sa surface, sont des débris qui ont appartenu soit à des plantes soit à des créatures jadis vivantes. Parmi les espèces retrouvées, les unes appartiennent à des espèces existantes, mais un plus grand nombre sont maintenant inconnues.

Dans les couches les plus anciennes, on ne trouve que des animaux qui vivaient au sein des eaux : et l'on peut en conclure que dans ces temps primitifs la mer couvrait la plus grande partie du sol.

Les couches moins anciennes que ces premières contiennent des reptiles. On a trouvé des crocodiles avec leur queue aplatie, leurs écailles relevées en crête, leurs dents aiguës, sur les côtes de la Manche, du Havre, de Honfleur, etc.

Ce n'est qu'ensuite dans des couches de création plus récente qu'apparaissent des débris de mammifères répandus abondamment sur divers points du globe.

Chose remarquable, les êtres les moins parfaits, ceux dont l'organisation est plus éloignée de celle de l'homme, se trouvent dans les couches les plus anciennes; et, à mesure qu'on s'élève vers les couches nouvelles et qu'on se rapproche des temps historiques, on trouve progressivement des êtres d'une organisation plus parfaite. Ce n'est que dans les couches meubles les plus superficielles que l'on rencontre des ossemens semblables à ceux des mammifères dont les races existent encore; et même les espèces les plus rapprochées de l'homme, comme le singe, n'ont pas jusqu'à présent d'analogues fossiles. Les ossemens humains manquent tout-à-fait dans les dépôts antérieurs aux temps historiques.

Les lieux divers où existent ces traces du monde ancien indiquent les révolutions que le globe a subies. Des squelettes de baleines fort bien conservés ont été trouvés en Italie, dans le Plaisantin, à huit cents pieds environ au dessous du lit des ruisseaux voisins. On a trouvé des débris d'éléphans en grand nombre dans tout le nord de l'Asie et jusque sur les bords de la mer Glaciale. En Toscane sont les restes d'une grande quantité d'hippopotames, mêlés à ceux de rhinocéros et d'éléphans. Aux environs de Paris, dans la plaine de Grenelle, sont aussi des ossemens d'hippopotames, de rhinocéros et d'éléphans.

Les palmiers, habitans de l'Afrique, croissaient autrefois sur le sol parisien : on en a retrouvé dans les carrières et les excavations profondes des environs de Paris.

Le globe a donc plus d'une fois changé de face, et un naturaliste a pu dire avec admiration : *Quel est ce temps où des éléphans et des hyennes de la grosseur des ours vivaient ensemble dans nos climats de France, à l'ombre des forêts de palmiers?*

TERRAINS.

On appelle sol primitif le noyau ou centre de la terre qui existait ou a dû exister avant la formation des dépôts successifs dont il s'est couvert pendant l'espace infini des temps. Les dépôts différens, qui ont ensuite formé l'écorce terrestre qui sert comme d'enveloppe à ce noyau, se distinguent, suivant leur âge, en *terrains primaires*, *terrains secondaires* et *terrains tertiaires.*

Les terrains primaires ont pour limites supérieures les couches de grès rouge ancien. C'est dans les fissures dont ils sont traversés que se rencontrent la plupart des minerais métalliques. Les principales montagnes du globe sont formées des terrains primaires. On y trouve quelques débris de coquillages, et des dépouilles des habitans de la mer.

La série des *terrains secondaires* commence aux couches de grès rouge ancien, et s'étend jusqu'à la craie inclusivement. Leurs couches différentes forment des assises distinctes, peu épaisses, parallèles et horizontales. Un grand nombre de fossiles marins et terrestres y sont renfermés : presque tous appartiennent à des espèces maintenant inconnues; les rhinocéros y sont en petit nombre. On distingue dans ces terrains les *terrains carbonifères* et *houilles.*

les *terrains muriatifères*, qui offrent les premiers gisemens de sel gemme en roche, etc.

Les *terrains tertiaires* sont les terrains supérieurs à la craie : les dépôts qui les forment ne sont pas tous du même âge ni de la même nature. On y trouve alternativement des assises renfermant des débris d'animaux et de végétaux fluviales et terrestres, et des assises entièrement remplies de fossiles marins. Souvent les fossiles d'eau douce y sont mêlés avec ceux de la mer. Tout annonce que pendant la formation de ces terrains la surface de la terre a été agitée par de violentes commotions qui ont soulevé nos plus hautes montagnes et changé la forme et les dispositions des bassins maritimes.

ROCHES.

On appelle *roches* l'aggrégation de substances minérales simples ou composées qui se voient en grande masse et qui forment des bancs puissans où des couches continues.

On distingue les *roches de cristallisation* et les *roches de sédimens*. Les élémens qui composent les premières, dissous par la chaleur ou un liquide quelconque, se sont rapprochés et se sont cristallisés ; tandis que les parties dont se sont formées les dernières se sont seulement déposées par l'effet de leur pesanteur.

Les roches sont *homogènes* quand elles paraissent formées d'une seule substance. Telles sont celles qui se composent uniquement de *cuivre pyriteux*, de *fer*, de *manganèse*, de *feldspath*, etc.

Elles sont *hétérogènes* ou composées quand au contraire plusieurs substances rassemblées forment leur masse compacte. Tels sont les roches de *granit*, composées de *feldspath*, de *quartz* et de *mica* ; celles de grès, composées de *mica* et de *feldspath*, etc.

Extrait du Catalogue de la librairie normale d'éducation de PAUL DUPONT.

JOURNAL GÉNÉRAL DE L'INSTRUCTION PUBLIQUE ET DES COURS SCIENTIFIQUES ET LITTERAIRES. Prix par an.......	30 »
L'INSTITUTEUR, journal des écoles primaires.	10 »
ARCHIVES GÉNÉRALES de l'agriculture, de l'industrie, etc., etc., 2 forts vol. in-8., paraissant par livraisons. Prix, par an...............	4 50
RAPPORT AU ROI sur l'instr. prim., par M. Guizot, ministre de l'instruction publique, 1 vol. in-8.	5 »
CODE DE L'INSTRUCTION PRIMAIRE, 1 v. in-8.	5 50
Le même, 1 vol. in 18.....................	1 50
ANNUAIRE DE L'INSTRUCTION PRIMAIRE, 1833, 1 vol. in-18.....................	1 25
Idem., 1834, 1 vol. in-18..................	1 25
GUIDE DES COMITÉS D'INSTRUCT., 1 vol. in-18.	» 50
MANUEL CLASSIQUE DE LECTURE, par P.-F. Putot, l'ouvrage complet en trois parties...	» 90
Le même, en six grands tableaux, à l'usage des écoles d'enseignement mutuel...........	1 30
COURS D'ÉCRITURE en 20 leçons par A.-G. Taupier, 3 vol. in-8. oblong, planches et texte..	4 »
GRAMMAIRE FRANÇAISE DE LHOMOND revue, corrigée et augmentée par une société de professeurs, 1 vol. in-12,...	» 70
HISTOIRE SAINTE, par F. B., 1 vol. in-18....	2 »
TRAITÉ DE MORALE, par un membre de l'université, 1 vol. in-12...........	1 50
BIBLIOTHÈQUE DE L'INSTITUTEUR PRIMAIRE, par M. Delapalme, 25 v. in-18......	25 »
BIBLIOTHÈQUE PRIMAIRE à 2 sous, 20 petits vol. in-18....	2 »
MANUEL DES SYNONYMES, par Bonnaire....	1 50
EXERCICES DES SYNONYMES, par le même..	1 50
CORRIGÉ DES EXERCICES, par le même.....	2 »
MANUEL DE L'ENSEIGNEMENT SIMULTANÉ, 1 vol. in 12..............	2 »
MANUEL DE L'ENSEIGNEMENT MUTUEL, 1 vol. in-12...	2 »
LEÇONS PRIMAIRES DE LITTÉRATURE ET DE MORALE, par Levi, 1 vol in-12............	1 50
PROSE ET POÉSIE, ou Morceaux choisis des meilleurs auteurs, 1 vol. in-18.	1 50
CATÉCHISME POLITIQUE ET MORAL DU CITOYEN, 1 vol. in-18. Prix............	[illegible]

www.ingramcontent.com/pod-product-compliance
Ingram Content Group UK Ltd.
Pitfield, Milton Keynes, MK11 3LW, UK
UKHW022004260726
13994UKWH00004B/1938